筑境

中国精致建筑100

建筑琉璃

汪永平 撰文摄影

中国建筑工业出版社

出版说明

中国是一个地大物博、历史悠久的文明古国。自历史的脚步迈入新世纪大门以来，她越来越成为世人瞩目的焦点，正不断向世人绽放她历史上曾具有的魅力和光辉异彩。当代中国的经济腾飞、古代中国的文化瑰宝，都已成了世人热衷研究和深入了解的课题。

作为国家级科技出版单位——中国建筑工业出版社60年来始终以弘扬和传承中华民族优秀的建筑文化，推动和传播中国建筑技术进步与发展，向世界介绍和展示中国从古至今的建设成就为己任，并用行动践行着"弘扬中华文化，增强中华文化国际影响力"的使命。从20世纪80年代开始，中国建筑工业出版社就非常重视与海内外同仁进行建筑文化交流与合作，并策划、组织编撰、出版了一系列反映我中华传统建筑风貌的学术画册和学术著作，并在海内外产生了重大影响。

"中国精致建筑100"是中国建筑工业出版社与台湾锦绣出版事业股份有限公司策划，由中国建筑工业出版社组织国内百余位专家学者和摄影专家不惮繁杂，对遍布全国有历史意义的、有代表性的传统建筑进行认真考察和潜心研究，并按建筑思想、建筑元素、宫殿建筑、礼制建筑、宗教建筑、古城镇、古村落、民居建筑、陵墓建筑、园林建筑、书院与会馆等建筑专题与类别，历经数年系统科学地梳理、编撰而成。本套图书按专题分册，就其历史背景、建筑风格、建筑特征、建筑文化，结合精美图照和线图撰写。全套100册、文约200万字、图照6000余幅。

这套图书内容精练、文字通俗、图文并茂、设计考究，是适合海内外读者轻松阅读、便于携带的专业与文化并蓄的普及性读物。目的是让更多的热爱中华文化的人，更全面地欣赏和认识中国传统建筑特有的丰姿、独特的设计手法、精湛的建造技艺，及其绝妙的细部处理，并为世界建筑界记录下可资回味的建筑文化遗产，为海内外读者打开一扇建筑知识和艺术的大门。

这套图书将以中、英文两种文版推出，可供广大中外古建筑之研究者、爱好者、旅游者阅读和珍藏。

目录

建筑琉璃

中华民族自古以来便是一个热情奔放的民族，一向喜爱华丽、强烈的色彩，这自然会反映到建筑上来。琉璃材料的产生极大地丰富了中国建筑的色彩，把中国建筑的艺术表现力推向一个新的高度。琉璃不但能制作出许多鲜艳的色彩，而且在阳光照耀下熠熠生辉有类似金属般的高贵质感，特别是琉璃瓦的应用，使最具特色的中国式屋顶更加表现出一种金碧辉煌的气度。这种建筑材料还由于其耐水火、耐腐蚀的优越性能，更为人们所喜爱，被视为建筑材料中之珍品。所以在封建社会，统治者规定只有宫殿、庙宇、皇家陵墓一类等级最高的建筑才能使用。琉璃除了大量制作屋瓦外，还广泛应用于建筑的其他元素，如照壁、门、须弥座等的贴面装饰。还有一些具有纪念意义或重点建筑，如牌坊、塔、殿宇等，甚至做成全琉璃外观的建筑，使它们能在建筑群中格外突出，引人注目。琉璃作为一种古老的建筑材料并没有随着历史的前进而消失，相反，今天它仍然受到人们的青睐，在继承的基础上焕发出青春。

一、古老的
建筑琉璃

筑境 中国精致建筑100

琉璃，我国古代文献上写作流离、颇黎、青玉等，泛指三种不同的物质：1）自然宝石或人造宝石；2）玻璃；3）陶胎铅釉制品。建筑琉璃是陶胎铅釉制品。从出土实物来看，我国的琉璃制品，在西周时已出现，在此后相当长的一段时间内，人们把璃琉作为一种贵重的装饰品。琉璃用于建筑上则相对较晚，在北魏时，开始应用于皇家宫殿。《魏书》西域传记载："世祖时，其国人商贩京师，自云能铸石为五色琉璃。于是采矿山中，于京师铸之，既成，光泽乃美于西方来者，乃诏为行殿，容百余人。"在大同北魏故都的遗址曾发现琉璃瓦碎片。

琉璃用于建筑上，不仅具有遮风蔽雨的作用，而且具有强烈的艺术装饰效果，因而得到人们的钟爱，首先在皇家建筑中得以使用。唐代大明宫的屋面使用琉璃筒瓦和板瓦，釉色有绿、天蓝、黑色数种，采用了"剪边"的做法，唐宋的绘画也忠实地反映了这种屋面琉璃的铺叠方式。除此以外，作为工艺品的琉璃，塑造成各种栩栩如生的"唐三彩"，代表了唐代琉璃制作的最高技术。

图1-1 河南开封祐国寺琉璃塔/对面页
祐国寺琉璃塔，又称铁塔。建于1049年，八角十三层，外表面贴褐色琉璃面砖，为宋代的琉璃建筑佳作。铁塔在明清两代进行了多次维修，但该塔仍保留了宋代的建筑风格和部分宋代琉璃构件。

建
筑
琉
璃

古
老
的
建
筑
琉
璃

筑境　中国精致建筑100

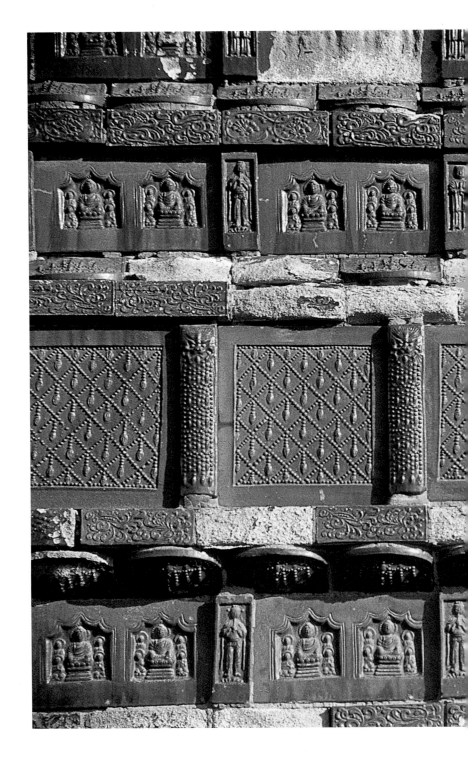

图1-2 祐国寺琉璃塔外表面/前页

琉璃塔外表面的色彩以褐色为主，间杂黄绿蓝诸色，雕有菩萨、飞天、降龙、麒麟、狮子、宝相花等图案花纹，装饰图案受佛教艺术的影响。琉璃壁面的设计、制作和安装具有相当高的工艺水准。

图1-3 祐国寺琉璃塔塔内的通道/对面页

琉璃塔不仅外形优美，内部结构相当合理。内壁镶有佛龛和琉璃佛像。入口通道上方采用叠涩的券门形式，用五色琉璃面砖装饰，突出了入口，给人以神秘和变化莫测的感受。

建筑琉璃

古老的建筑琉璃

宋代的建筑琉璃生产趋于标准化和定型化，如宋代李诫编写的《营造法式》具体介绍了釉料的配制和烧造的工艺，揭示了我国传统琉璃的釉料是低温铅釉，需二次烧制而成，《营造法式》为我们研究唐宋建筑琉璃提供了科学的依据。

宋代琉璃的代表首推河南开封祐国寺琉璃塔（俗称铁塔），它建于1049年，八角十三层，外表面甃以褐色琉璃面砖，间杂黄绿蓝诸色，雕有菩萨、飞天、降龙、麒麟、狮子、宝相花等图案花纹。该塔虽经历代维修，但仍保留了很多原琉璃构件。

辽代和金代的皇家宫殿和寺观上也普遍使用琉璃，如宋范成大《揽辔录》记载金中都"两廊屋脊皆覆以青琉璃瓦，宫阙门户即纯用之"。山西大同的上下华严寺大雄宝殿和薄伽教藏殿，系辽代创建，金代重修，两殿正脊上

古老的建筑琉璃

筑境 中国精致建筑100

北面鸱吻形制古朴，釉色斑驳，据梁思成推测，似为金代原物，而南面的鸱吻可能是明代补造。

元代建筑琉璃应用甚广，大都宫殿全部采用琉璃屋面，为满足需求，在海王村设窑厂，督办和承包皇家宫殿的琉璃制作。在素有"琉璃之乡"的山西省发现了多处元代建筑琉璃，如芮城永乐宫三清殿鸱吻和脊饰，山西高平市上董峰村仙姑庙三教殿鸱吻和力士形象生动、塑造有力，为元代琉璃雕塑的佳品。更为珍贵的是当年的匠师在建筑琉璃作品上留下了纪年和姓名，为我们鉴定古建筑的年代提供了有力的证据。如延佑元年（1314年）霍县李诠庄观音堂，至元元年（1335年）潞城李庄大成殿和至正二年（1342年）高平伯方村仙翁庙大殿等。元代的琉璃匠人入籍，优秀工匠姓氏之前冠有"待诏"称号，为明初的工匠来源和技术的提高，创造了有利的条件。

明代为我国建筑琉璃发展的鼎盛时期，无论是在艺术造型，釉料配制和烧造技术上都达到了纯熟的地步。明初熔块釉（亦称之为法华）的使用，釉色中增加了孔雀蓝和茄皮紫，加强了建筑琉璃的艺术效果。这一时期全国留下的佳品甚多。它的最高成就的代表是"中世纪世界七大奇迹"之一的南京大报恩寺琉璃塔。

清初建筑琉璃在形制和工艺上仍袭明制，宫殿和民间的寺庙大量使用琉璃，按照建筑的

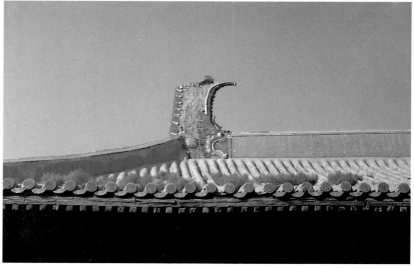

图1-4 大同华严寺大雄宝殿正脊鸱吻/上图
山西大同华严寺大雄宝殿系辽代创建，金代重修，正脊
北面鸱吻形制古朴，釉色斑驳，尾部为鸱尾形式。张口
吞脊，与宋式鸱吻相同，据梁思成20世纪30年代测绘调
查，推测为金代原物。

图1-5 大同华严寺薄伽教藏殿正脊鸱吻/下图
薄伽教藏殿与大雄宝殿时代相同。它的正脊南侧的鸱吻
釉色较新，与大雄宝殿正脊鸱吻相比较，形式雷同，唯
釉色差别很大，似为明代补造。

古老的建筑琉璃

◎ 筑境　中国精致建筑100

图1-6 芮城永乐宫三清殿鸱吻

山西芮城永乐宫为一组元代建筑，它的琉璃制
作精美，其中以三清殿正脊上的鸱吻造型优
美，色彩鲜艳，历经数百年的风雨而不褪色，
实为中国建筑琉璃中的佳品。

图1-7 元代力士

山西高平上董峰村仙姑庙为一组元代建筑，建
于1361年，其三教殿正脊力士，肌肉暴起，线
条分明，富有表情，背驮重物，怒目而视，拼
死抗争，为元代雕塑中的佳品。

等级，琉璃构件细分为1—10样，实际使用只有2—9样。北京的故宫，沈阳的清故宫以及皇家园林，庙宇中的琉璃来自琉璃厂，质量上乘。民间的琉璃产地很多，仍以山西为首，其他有河北、山东、陕西、河南、四川、湖南、广东等地。在造型上较为烦琐，工艺和技术没有改进。清末的衰落，建筑琉璃大为减少，琉璃工匠纷纷转行，传统技艺濒临失传。

近年来随着城市建设发展的需求，建筑琉璃在产量和质量上有了很大的提高，为适应工业化生产，对制作工艺和釉色配制也有了很大的改进，土窑变成了隧道窑，手工操作被机械所替代。建筑琉璃广泛应用在古建筑复修、仿古新建筑、园林以及立面装饰，这一古老的建筑艺术在今天又焕发了青春。

二、绚丽多彩的
琉璃瓦

我国传统的建筑琉璃历千年而不衰，至今仍受到人们的喜爱，究其原因，除了它的良好的建筑防水性能，其绚丽的色彩，给了中国的大屋顶富丽堂皇和与日辉映之气势，产生了强烈的视觉效果。当你站在北京景山顶上朝故宫望去，大片的黄色琉璃屋面在蓝天映衬下显得无比壮观。

我国历代有五色之说，《周礼·考工记》记载："五色，东方谓之青，南方谓之赤，西方谓之白，北方谓之黑，天谓之玄，地谓之黄。"各色都有象征，如青相当于温暖之春，万物萌苏之色。赤相当于炎热之夏，烈火燃烧之色；白相当于清凉之秋，为金属光泽之色；黑相当于寒冷之冬，为水即深渊之色；地即

图2-1 明中都出土的各色琉璃瓦
明中都宫殿上使用了五色琉璃瓦，推测是根据建筑的五个不同方位（东、南、西、北、中）来确定琉璃瓦的颜色。这些琉璃瓦都是来自全国各地的琉璃工匠在城东的琉璃岗和细瓷窑烧造的，工艺水准相当高。

建筑琉璃

绚丽多彩的琉璃瓦

◎筑境 中国精致建筑100

土，土色黄，位于中央，象征皇宫之色；建筑琉璃上的色彩也据此而来。春秋战国之际，五色配五行之说兴起，"以黄为贵"，黄色成了帝王独尊之色，直至明清，黄色的琉璃瓦只限于宫殿、门庑、园林、陵寝等皇家建筑，等级较高的寺庙，如孔庙、岱庙也可以用黄色。亲王府第用青（绿）色琉璃瓦，《明史》舆服四，亲王府制记载："（洪武）九年定亲王宫殿、门庑及城门楼，皆覆以青色琉璃瓦。"民间寺院宫观常用青（绿）色琉璃，如明永乐十一年（1413年）所建造的武当山紫霄宫。除了黄色、青（绿）色外，红色琉璃瓦见于明初中都（今安徽凤阳）宫殿，十三陵中也有发现。

黑色的琉璃瓦等级最低，明清时用于宫内警卫值房屋面，民间的寺庙较为罕见，实例见于明正统八年（1443年）创建的北京智化寺，初为王振家庙，后敕赐为"报恩智化寺"，寺内建筑采用了黑琉璃瓦和脊兽。明天顺六年（1462年）修建的山西介休义棠师屯北广济寺天王殿，正统年间修建的山西柳林香岩寺为少见之实例。黑琉璃，它的釉料不是低温铅釉，而是一种天然釉土，一次烧制而成，因此只能归于黑釉陶。白色琉璃瓦仅见于明初中都的宫殿遗址和窑址。它的表面是白瓷，这种白瓷琉璃砖曾用于明代南京大报恩寺塔表面，是江西景德镇工匠烧制的。

除了以上五色琉璃，明清增加了孔雀蓝和茄皮紫。大大地丰富了琉璃的色彩，建筑琉璃的釉色近十种，就是在同一色内，按色调的

图2-2 山西介休义棠师屯北广济寺黑琉璃
明天顺六年（1462年）修建的广济寺天王殿屋面采用了黑琉璃瓦，它是由当地琉璃匠人烧造的。它的釉料不是低温铅釉，而是一种天然釉土。黑琉璃瓦的等级较低，在明清的建筑中较为少见。

高低和饱和度不同，又可分为若干种，如黄色就有淡黄、中黄、深黄；绿色有翠绿、青绿、草绿、深绿等。色彩千变万化，它是由釉料的着色剂和烧成温度高低而定。常用的着色剂有氧化铁（Fe_2O_3）、氧化铜（CuO）和氧化钴（CoO）和二氧化锰（MnO_2），形成了黄、绿、蓝、紫诸色。

图2-3 山西介休五岳庙屋面孔雀蓝琉璃

明清时期，山西的琉璃色彩中增加了孔雀蓝和茄皮紫，它的釉色为熔块釉（或称法华），琉璃釉色更为纯净、艳丽，加强了建筑的整体艺术效果。

三、丰富多彩
的造型

建筑琉璃

丰富多彩的造型

图3-1 大同九龙壁/前页

大同九龙壁位于大同市和阳街，建于明代洪武年间，是我国现存的三座九龙壁之中年代最早的一座（另两座分别在北京故宫和北京北海公园，均建于清代）。九龙壁分为壁座、壁身、壁顶三部分，壁面贴砌彩色琉璃件，壁身有9条蟠龙，形态各异，是明代琉璃建筑之佳作。

图3-2 大同五龙壁（刘翔宇 提供）/上图

山西大同善化寺内有一座五龙壁，原为南门外兴国寺山门前照壁，后搬迁至善化寺，尺寸为19.9米×7米×1.48米，琉璃照壁的造型，雕塑的手法以及釉色与九龙壁相同，同属明代的优秀琉璃作品。

图3-3 大同三龙壁/下图

山西大同除了有五龙壁和九龙壁外，在它的郊外观音堂还有一座三龙壁。三龙壁为双面贴琉璃的实例，照壁的壁面以孔雀蓝为底，绘以山水、云海，衬托各色游龙，巍巍壮观，实为明代琉璃照壁中的佳品。

　　我国古代的建筑琉璃应用广泛，从地面建筑到地下墓葬，从装
饰构件到承重斗栱，从檐上的脊饰到檐下的彩画，除了屋面构件，还
有琉璃照壁、琉璃塔、琉璃牌坊、琉璃门以及琉璃香楼、琉璃碑、神
龛、佛座等较为特殊和别致的形制。

　　琉璃照壁，用于皇家宫廷建筑、陵墓、亲王府第、寺庙和文庙
前。按等级的尊卑，可分为三龙、五龙、六龙、七龙、九龙照壁，还
有以植物花卉为母题的琼花照壁。照壁的平面有一字形和八字形两
种。一字形照壁用于建筑主入口的南面，作为屏蔽和大门的对景，如
明代的北京十三陵中用于宝山前，作为地宫羡道入口的屏蔽和装饰。
八字形的照壁则用于入口处的两侧，如文庙的棂星门或寺庙的山门，
以取得突出入口的效果。照壁的琉璃贴面一般是单面，也有双面贴，
如大同观音堂的三龙壁和陕西蒲城文庙前的六龙壁。琼花照壁的构图
与此不相同，它是在壁面正中的海棠形图案中饰以琼花，壁面的四岔
有琉璃抹角，显得典雅大方，以明嘉靖年间湖北钟祥县元祐宫山门前
的琼花照壁为代表。除了琉璃照壁，还有琉璃壁画（或称之为琉璃

图3-5 平遥乾坑南神庙琉璃壁

山西平遥乾坑南神庙壁画为纪念耶珠夫人而建，与晋祠圣母殿类似。大殿的东面有耶珠夫人墓，形制特殊。东面的琉璃壁画保存完整，据碑文记载，重修年代为明正德五年（1510年）。

壁）这样较为特别的形制，如山西平遥乾坑南神庙大殿的东西院墙上的琉璃壁画长13米，画面凸形龙、凤、狮子、麒麟等动物，还有菩萨、官吏、市民和城市风情图案。

琉璃塔在结构和造型上与普通砖石塔相同，但是它的外表面镶嵌琉璃面砖和琉璃构件，内容丰富，色彩绚丽。较小的塔，全部用琉璃分段烧制，在现场组装。现存的琉璃塔以明正德十一年（1516年）重建的山西洪洞广胜寺飞虹塔为代表。塔的平面八角，13层，高47.31米，塔的二层以上外表面用五彩的琉璃构件装饰，各面塑有菩萨、金刚、盘龙、花卉等形象。飞虹塔制作精美，出于山西阳城乔姓琉璃匠人之手。而阳城寿圣塔则是乔姓琉璃世家又一传世之作，建于明万历三十七年（1609年），平面八角、10层、高约21米，塔的外表面镶琉璃佛像，每一层的釉色和图案均不雷同，表现了匠人的用心。

图3-6 乾坑南神庙琉璃壁细部
琉璃壁画上有很多城市建筑，还有菩萨、官僚、市民，反映了明代的世俗活动场面。画面上还凸雕了各种龙、凤、狮子、麒麟等瑞祥动物，内容丰富，釉色饱满，为当地杜村里侯姓琉璃工匠的杰出作品。

建筑琉璃

丰富多彩的造型

⊚ 筑境 中国精致建筑100

图3-7 洪洞广胜寺飞虹塔外观/对面页
山西洪洞广胜寺飞虹塔是我国琉璃塔中的杰出代表，塔的二层以上的外表用五彩琉璃构件装饰，各层琉璃斗栱叠起，上有莲瓣叠涩承托平座，塔身满布琉璃雕塑，它是由阳城乔姓琉璃匠人完成的。

图3-8 广胜寺飞虹塔细部
广胜寺飞虹塔的外表面有各种雕塑，制作精致，表现力强。当初在建造塔时，琉璃工匠为完成这一传世之作呕心沥血，细微之处见精神。山西省古建所的工程技术人员在维修时深为折服和叹绝。

建筑琉璃

丰富多彩的造型

◎ 筑境 中国精致建筑100

图3-9 阳城圣寿寺塔外观

阳城圣寿寺塔八面九级，21米高，虽建造年代晚于飞虹塔，但造型优美，釉色和图案各层均不相同而见奇，它是阳城乔姓匠人的又一杰作。塔的第八层有明万历丙辰年（1616年）题诗，赞美乔契工匠"巨业落成垂万古，君名高与碧云邻"。

图3-10 阳城圣寿寺塔1-2层

圣寿寺塔的底层下为石雕须弥座，雕刻精致。
底层的外壁用黄绿色琉璃装饰，上有琉璃斗
栱，第二层壁面改为孔雀蓝琉璃壁画，色彩和
图案均不同于底层。这种色彩和图案层层变化
是琉璃工匠的大胆创新。

丰富多彩的造型

◎筑境 中国精致建筑100

图3-11 北京东岳庙牌坊
北京东岳庙前的琉璃牌坊建于明万历三十五年（1607年），是已知的最早实例。牌坊采用三间四柱七楼的造型，下有三个拱门利于通行。牌坊造型稳重端庄，为明清同类琉璃牌坊之楷模。

我国古代建筑的入口处往往竖以牌坊，牌坊的类型很多，但琉璃牌坊较为少见，北京东岳庙前"秩祀岱宗"的琉璃牌坊为已知最早的实例，建于明代万历三十五年（1607年），琉璃额枋上有"万历丁未孟秋吉日"题记。山西介休北辛武真武庙琉璃牌楼是清代牌坊的一个较好实例。

琉璃门多见于宫廷建筑围墙的入口，作为两个空间的过渡，既实用又富有装饰性。它的檐下额枋的琉璃彩画很精致，为"一整二破"旋子彩画图案。

琉璃香楼，亦称神帛炉，用于祭祀时焚香化帛之用，位于寺观大殿的前侧和殿内供像前，外形仿木结构，内部挖空，整体由琉璃构件组成，像一个缩小比例的建筑模型，十分精致，有单层、双层；单檐、重檐；悬山、歇

图3-12 东岳庙牌坊细部/上图

东岳庙牌坊装饰手法十分简洁，重点在额枋以及
中间的花板。额枋上的琉璃彩画采用一整二破旋
子彩画基本图形，中间的花板采用缠枝牡丹的花
卉图案，青绿色的彩画与牌坊相得益彰。

图3-13 山西介休北辛武真武庙琉璃牌坊/下图

琉璃牌坊位于玄帝庙（真武庙）前，为三间四柱
三楼形式。底座为石台基，柱身琉璃贴面，所有
装饰构件均由琉璃烧制而成。琉璃牌坊制作精
细，有晚清"光绪丁酉年亭造立"题记。

建筑琉璃

丰富多彩的造型

筑境 中国精致建筑100

山、十字脊等造型，釉色以孔雀蓝为主，间以黄绿色。另一种造型类似的称之为吉庆楼，常用于屋脊上，起装饰作用。琉璃碑仅见于山西介休张壁村空王寺一处，在天王殿的廊下，东西各竖琉璃碑一块，尺寸分别为64.5厘米×226厘米（宽×高）和67.5厘米×210厘米。由碑首、碑身和底座三部分合成，红陶胎、孔雀蓝釉色，具有相当高的工艺水平，是介休义常里乔氏工匠于万历四十一年（1613年）烧制的。

琉璃须弥座现存的最早实物为太原崇善寺大悲殿佛座，建于明洪武十四年（1381年），由黄、绿、蓝诸色琉璃砖砌成，壶门中凸塑力士像和花卉。平遥东安社普庵寺的佛座，高

图3-14 真武庙琉璃牌坊浮雕/对面页

在牌坊的侧面有精美的琉璃装饰图案，为平面浮雕形式，它是由多块琉璃板烧制后组装而成，制作工艺要求极高。琉璃的色彩丰富，除了孔雀蓝主色调，还有黄、绿、白、紫褐、黄褐等色。

图3-15 北京十三陵长陵琉璃门

北京故宫、太庙以及十三陵中采用这种琉璃门作为入口的装饰。其中长陵的琉璃门为较早的实例，它的造型和色彩简洁，除了基座用汉白玉石，其他构件用琉璃烧制而成。

图3-16　山西高平明代琉璃吉庆楼

在山西的一些寺庙，琉璃正脊上常采用这种楼阁式的装饰形式（通行的做法是狮子驮宝瓶立牌），这种吉庆楼屋顶形式丰富多样，比例准确，高度约1米，系整体烧制，用铁索固定在正脊中间。

图3-17　山西介休张壁村空王寺琉璃碑

空王寺天王殿廊下东西各树琉璃碑一块，图为东面的琉璃碑，碑身完整，色彩为孔雀蓝，高度2.26米，三块组合而成。于明万历四十一年（1613年）由介休的乔氏工匠烧制。

图3-18 明代琉璃骑马武士
明代中晚期以及清代的山西建筑
琉璃，正脊上常见武士的形象。
此图是介休明代寺庙正脊上的骑
马武士，疾马奔驰，生动有力，
体现了明代琉璃工匠的高超塑像
艺术和丰富的想象能力。

图3-19 明代琉璃角神
元代时期常见于屋角之上，为镇
守辟邪的角神。该角神为山西高
平明代建筑上的琉璃塑像，一身
甲胄，威武凛然，是当地的琉璃
匠人塑造的形象。

图3-20 明代琉璃化生/后页
化生是我国古代的婴儿偶，以蜡
制作，于七夕时浮水作戏，祝人
生男。该化生摄自山西洪洞寺庙
脊上，为明化生形象，反映了当
时的风俗和人们繁衍后代、子孙
绵延的愿望。

图3-21 明代琉璃夜叉
夜叉虽是传统中的恶鬼，但也被列入守护佛教
的天龙八部之一，琉璃工匠在塑造建筑正脊
时，往往把它和龙组合在一起，作为辟邪之
物。此夜叉摄自山西霍县的明代寺庙正脊。

图3-22 琉璃狮子

狮子是我国传统的吉祥与辟邪的象征，建筑上用于正脊的立牌上。照片摄自山西阳城东关关帝庙正脊，琉璃由当地匠人乔氏于康熙四十七年（1708年）烧造。狮子的釉色纯正饱满，受我国传统唐三彩艺术影响。

图3-23 琉璃牡丹

牡丹是我国传统的装饰图案，在建筑上应用甚广。明代的建筑上常用它装饰正脊，表现建筑的华丽气势。照片摄自山西霍县的明代寺庙正脊，牡丹采用高浮雕，先行捏造成型后分段烧制。

82厘米，佛座下的每块画面大小为45厘米×33厘米，上绘西游记中唐僧师徒四人西天取经故事，具有浓郁的民间艺术色彩。

传统的琉璃的装饰图案与纹样大体可分为：①人物；②动物；③植物；④几何纹样。人物的造型反映了世俗的生活和神话世界，有儒生、武士、官吏、百姓、菩萨、罗汉、童子、鬼怪等。早期塑造的人物形象有力，受宋元雕塑的影响。动物的造型，以龙、凤的题材最为普遍。其他佛教中的白象、狮子，也较为常见，它们经常立于屋脊正中的立牌上，背负宝瓶，以求吉祥平安。植物图案中常见的有牡丹、西番莲、葵花、宝相花、石榴、菊花等，以缠枝牡丹最为流行，以象征富贵。几何纹样，通常为云纹，毯文、水波纹、回纹、曲线纹等。

四、一个古老
的话题

龙是中华民族的象征，也是几千年来华夏文化和艺术表现的主题，这一神奇的形象在五彩缤纷的建筑琉璃世界中得到了充分的展现。无论是云山雾海、巍巍壮观的照壁，还是反宇向阳、钩心斗角的屋面，龙的造型千姿百态，生动有力，融寓意和装饰为一体。如正脊两端的正吻，脊中吞脊吻，垂脊下端的垂兽，角梁头上的套兽，重檐下博脊上的合角吻，橡头上的勾头和滴水，龙的形象真是无奇不有，无所不在。就正吻（也叫龙吻）来说，它的造型就有多种，早在隋唐以前，屋面正脊两端装有鸱尾，据传是由印度佛教中的"摩羯鱼"转化而来，或是由海中"鱼虬"的形象演变的，作为灭火消灾的镇邪之物数千年来出现在屋脊上。宋代的鸱尾有两种形状。第一种叫鸱吻，龙嘴鱼尾的造型；第二种叫龙尾，龙嘴龙尾。元代的山西永济永乐宫大殿屋面就有这两种造型，气势生动，与黄绿色的屋面相配合，是我国元代琉璃中的经典之作。元末明初，鸱吻的

图4-1 明代琉璃吞脊吻
山西高平伯方村仙翁庙大殿正脊吞脊吻，于明嘉靖十七年（1538年）由高平董峰村匠人补造。元明时期山西建筑琉璃的脊中常用吞脊吻形式，龙嘴咬住正脊，脊上正中为立牌。

图4-2 琉璃龙尾/左图
山西平顺天台庵佛殿呈唐代建筑风格，歇山屋面正脊为垒脊，两端琉璃鸱尾为宋元时期的龙尾形式，高1.36米，造型古朴，龙嘴咬住正脊，尾部叉开，是龙尾形式。

图4-3 元代琉璃鸱吻/右图
河北曲阳北岳庙大殿在元代至元七年（1270年）特旨重修，屋脊上的琉璃重新烧造，鸱吻高3.5米，红陶胎，釉色剥落，尾部上卷，这种新形式表明鸱吻正处于元明的过渡时期。

筑境 中国精致建筑100

图4-4 山西清代琉璃龙吻

山西介休清代寺庙屋面上的龙吻。龙的尾部变
成龙头，上下双龙，吞云吐雾极有气势，在琉
璃的色彩上也有所变化。这种龙吻是清代山西
民间工匠的创新。

图4-5 元代琉璃行龙/上图

山西高平伯方村仙翁庙大殿正脊于元至正二年（1342年）修
建，正脊为十条行龙所组成的龙脊，色彩由黄、绿、白、黑
各色组成，高浮雕刻，为元代建筑琉璃中的佳品。

图4-6 琉璃团龙/下图

琉璃照壁位于陕西韩城，为明代的建筑形式和风格，与一般
的琉璃照壁在图案装饰上略有不同。它由圆形的团龙所组
成，底色为孔雀蓝，龙的色彩由黄、绿、白、黑诸色组成。

图4-7 琉璃蹲龙/前页
山西介休义棠师屯北广济寺天王殿屋面垂脊蹲龙，于明天顺六年（1462年）由当地匠人烧造。蹲龙两侧生翼，足下生风，振翅欲飞，造型生动，且色彩为黑色，别具一格。

图4-8 琉璃行龙
此为明代山西民间寺庙垂兽的造型，琉璃工匠并不拘泥于标准官式，而是根据他们的想象去塑造，这种名为垂兽，实为行龙的造型也是工匠的一种创新。

形状有了变化，它的尾部上卷，成为卷头，比例较为瘦长，后来背部又出现了剑靶（早期叫拒鹊，防止鸟雀在背上筑巢），其用意是将龙固定在屋脊上，形状变得扁平，演变成大家所熟悉的明清标准官式正吻。龙尾这一造型在山西民间的寺庙仍可以见到，有的将龙尾变成龙嘴，上下双龙张口，吞云吐雾。明清正吻的大小按琉璃的样制而定。如清代最大的正吻高达3.36米，由13块组成，重量达4356公斤，它的剑靶就有1米高，重119公斤，北京故宫的太和殿上就安装了这样的正吻。最小的正吻高度也有70厘米，它是由整块烧制而成，重39公斤。

元代龙的形象出现在正脊上即形成了龙脊，如河北曲阳县北岳庙大殿在元世祖至元七年（1270年）特旨重修，整条正脊琉璃由十条黄绿色龙组成，龙足为三爪，是元代龙的特征，而清明琉璃的龙足都是五爪。元至正二年（1342年）修建的山西高平伯方村仙翁庙大殿

图4-9 琉璃凤凰
山西洪洞广胜寺后殿屋面垂脊琉璃凤凰，于明弘治
十三年（1500年）烧造，与龙的图案组合起来，成
为龙凤呈祥，为人们喜爱的琉璃装饰图案。

上的龙脊与此相近，十条行龙分别由黄、绿、白、黑诸色构成，高浮雕刻，形象极为生动。

建筑琉璃上龙的姿态各异，如照壁上的龙多用升龙、降龙、坐龙或团龙，正脊上的龙多用行龙，勾头上的龙用升龙，滴水上的龙用行龙，屋角上的龙用蹲龙或行龙，有时还将龙、凤图案组织在一起，龙飞凤舞，给整栋建筑带来了龙凤呈祥欢快气氛。山西夏县文庙大殿的歇山屋面的山墙是由大片的琉璃凤凰图案所组成，这一幅精美的明代琉璃山花展现了凤凰的婀娜多姿和工匠们的丰富的想象力。凤的勾头和滴水在明初南京的琉璃窑址发现，为绿色，后代较为少见。

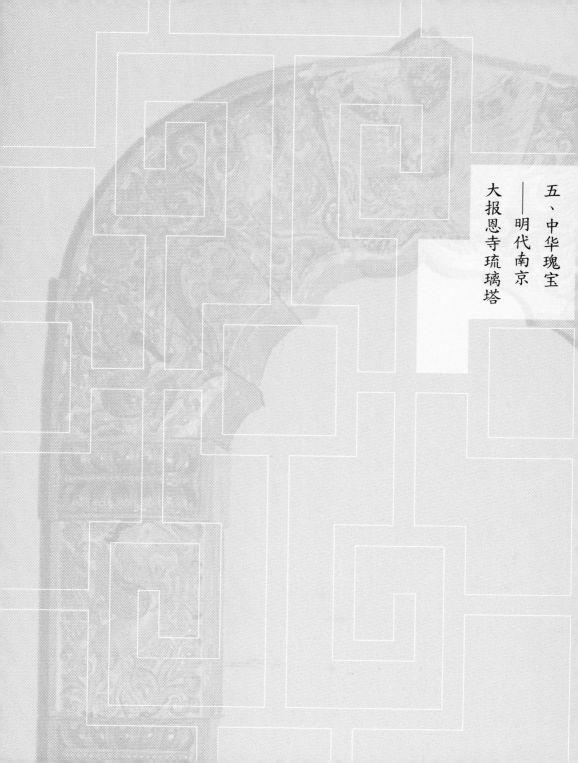

五、中华瑰宝
——明代南京
大报恩寺琉璃塔

我国明代著名文人张岱在他的《陶庵梦忆》报恩塔一文中写道"中国之大古董，永乐之大窑器，则报恩塔是也。"这座闻名于中外，号称"中世纪世界七大奇迹"之一的南京大报恩寺琉璃塔虽然毁于太平天国的战火，然而它的历史影响和精美绝伦的琉璃构件至今仍吸引着人们去研究它和探索它的秘密——埋藏在地下的两套琉璃备件。

明代的南京大报恩寺坐落在聚宝门（即今天的中华门）外的古长干里。永乐十年（1412年），明成祖朱棣为宣扬和报答先皇太后之恩德，敕工部建寺修塔"悉准宫阙，造九级琉璃塔，额大报恩寺"。塔额曰第一塔，为前代所未见，"非成祖开国之精神，开国之物力，开国之功令，其胆智才略足以吞吐此塔者不能为焉"。据明清和近代的一些文人学者考证，报恩塔是明成祖为纪念生母碽妃而建。碽妃本高丽人，入明宫因不足月生朱棣，按当时宫规被赐死，受"铁裙"之刑，朱棣成年封为燕王，靖难夺政后，在南京建寺和塔，以志不忘母亲生育之恩。

图5-1 明清南京大报恩寺琉璃塔全图／对面页
南京大报恩寺琉璃塔是明成祖朱棣为纪念生母碽妃而建，号称"天下第一塔"，誉为中世纪世界七大奇迹之一，明清曾多次维修。此图是清嘉庆七年（1802年）修建后寺内僧刻，图中详细记载了塔的历史和装饰构件的细部尺寸。

古誌金陵聚寶門外浮圖一基古未一刹內有阿育王塔由來已久孫吳大帝赤烏三年始建寺後採皓弢章翻字荒涼而皆太康時有梵僧劉薩訶大師持舍利于荒涼而皆于菜干里野於寺內昔僧文帝改建初於其慶初寺長千寺重修阿育王塔高三層以舍利子安於塔內後大唐高宗顯慶年廣作梵字改曰天禧寺宋太祖乾德年改為慈恩旌忠寺元順帝時火燬殆至大明永樂十年北遷因報萬皇帝后深忿於六月十五日申時起立江第一塔以揚先皇太后之海月初一日完工共十九年勒工都侍郎黃立泰保大內圍式遣九級五色琉璃寶塔一座曰第一塔其塔僅高三十二丈九尺四寸九分而頂以黃金鳳波銅鍍之以存久遠此上九霄龍掛鐵索八條共鈴七十二個上下八面衆鐵鈴八十個通共鈴數一百五十二個而九層外面燈計一百二十八盞下九霄役內及塔脊琉璃過燈十二盞通共貼油計六十四斤上照三十三天中照人間普照於除人災頂上銅鍋內口重九百斤天盤一個計四…

百五十斤東五府通海公神道南至大米行鄉府圍西至來賓橋北至大河下週圍九里十三步以此效之而寺宇每美自永樂修建至今歷有百世之光華存萬藏之報恩故曰報恩寺顧日第一塔通身共用過錢糧銀二百四十八萬五千賢五十四兩盤頂上鐵圍九個方圍六丈三尺小圍方圍二丈四尺計重三千六百斤頂壁後明珠一粒避水珠一粒避火珠一粒避塵珠一粒避風珠一粒鎮糧銀四十兩荼葉一擔白銀一千兩明雄一塊重一百斤寶石一粒永賢五十四兩盤頂上鐵圍九個方圍六丈三尺小圍方圍二丈四尺計重三千六百斤頂壁後明珠一粒避水珠一粒黃金盒一錠重四十兩荼葉一擔白銀一千串頁銀一足地藏經一部阿彌陀佛經一部釋迦佛經一部接引佛經一部俱鎮壓在內又樂銀一千兩串頁銀一足地藏經一部阿彌陀佛經一部釋迦佛經御書不二法門赤烏靈梵顯慶擧今於嘉慶五年五月十五日寅時富神鵑逐怪遺逅至此塔頂國朝御製御書富神鵑逐怪遺逅至此塔頂損傷而神刀威嚴佛法無邊故不能通身損壞坡而此塔煥然重新美

嗣其摺申秦請修葺修理於嘉慶七年二月初六日開工六月初二日吉

報恩寺內僧敬刊

金陵大报恩寺和琉璃塔的营建工程浩大，全国范围内，征集军工民匠十万人，监工官中有内宫太监汪福、郑和，永康侯徐忠，工部侍郎张信等。建塔的费用，根据嘉庆年间修塔的图志载，共用过钱粮银2485484两，其中有三宝太监郑和下西洋所剩的金钱百余万。建塔用了19年（一说16年）的时间。

报恩塔的平面为八角形，高9层，底层为副阶回廊，周长40寻，按古制，1寻为8尺，合32丈。塔的高度，据金陵梵刹志记载，从地面至宝珠顶为14丈6尺1寸9分，以明营造尺1尺=31.7厘米计算，合78.02米。塔的外表八面开门，四实四虚，隔层错开，外八角。内四方是一种江南常见的空筒式错角结构。塔的底层四周有门，门边镌刻四大王金刚护法神像，甲胄披挂，持戈执剑；二层至九层，各有平座和腰檐，朱红色的琉璃栏杆，绿色琉璃瓦顶，檐下为层层叠起的青绿斗栱。九级之上，是塔刹，下部有覆莲盆，由上下两个半圆形的莲花纹铁盆拼合而成，外表镀以1寸厚的黄金，叫"黄金风磨铜"，盆口直径有12尺，重达4500斤。九级相轮是由9个铁圈组成，大圈周长36尺，小圈周长14尺，计重3600斤，相轮之上是黄金宝珠顶，里面存放了各色宝珠、黄金、白银、经卷等作为镇塔之物。从塔顶上悬铁索八条，固定在檐角，各层的角梁下悬挂风铃，合计152个。塔内有篝灯146盏，昼夜长明，号称"长明灯"，早晚定时供油，每日耗油64斤，夜间全塔上下通明，似火龙腾焰十里外可见。

a

b

图5-2 大报恩寺琉璃塔复原拱门

报恩寺塔上最具特色是它的琉璃拱门，这座拱门是用明代琉璃窑
址上发掘的构件复原的。拱门宽2.18米，高3.55米，由21块构件
组成。拱门上的图案与元代北京居庸关云台拱门相似。

图5-3 白象

琉璃拱门上的白象是佛教中的仆乘，随佛教由印度传入我国。白色的象甚为罕见，被奉为圣物。拱门白象造型端庄，身上的装饰物刻画细腻，它是中西文化交流的象征。

　　塔的表面甃以白色琉璃砖，用黄、绿、红、白、黑五色琉璃贴面，全身上下有佛像万千，拱门边有狮子、白象、飞天、飞羊等造型，姿态优美，色彩绚丽，为前代所不见。

　　相传建造时不用脚手架，每造一层，四周堆土一层，随建随堆，直到安上塔顶为止，俗称"造塔不见塔"，工程完毕以后，再将堆土撤除，露出塔身。另外在烧制琉璃构件时，一式三份，一份用于塔上，两份编号埋入地下。

　　报恩寺塔建成以后，明宣宗下令大斋七昼夜，然后点燃长明塔灯，从此，香火兴旺，游人不绝。文人雅士，墨客骚人，无不慕名而来，以一睹为快，一登为荣。清代康熙、乾隆

图5-4 狮子/上图

琉璃拱门上的狮子也是佛教中的仆乘，这种造型深受人们的喜爱，广泛地用于建筑中，如大门入口，栏杆的望柱头。琉璃狮子造型生动，双目有神，口半张，作蹲踞守护状。

图5-5 龙/下图

在我国南北朝的石窟艺术中，出现了天龙八部护法神的形象，它们指天、龙、夜叉、阿修罗、乾闼婆、紧那罗、迦楼罗和摩睺罗伽等。琉璃拱门上为降龙，造型飘逸，吞云吐雾，极有气势。

皇帝南巡经过南京，登塔赐匾。如康熙二十三年（1684年），皇帝登塔最高顶，每层各书匾额一块，赐金佛一尊和金刚经一部，供奉塔顶。

明清时期，一些欧洲商人、游客和传教士相继来到南京，目睹这座中世纪的伟大建筑，口碑相传，西方很多人都知道南京的琉璃塔，它成了人们心目中的旅游胜地。明朝末年的1613年生活在南京的帕特尔·萨马都（Patel Samado）称这座塔是完全可以同古罗马的大纪念物相媲美的建筑。清初的1656年荷兰使团访华途经南京，随团管事尼霍夫（Nieuhof）在他的《荷使初访中国记》中详细地描绘了报恩寺和塔，并配有精美的插图。鸦片战争中的1842年，英国新式铁甲汽轮"纳米昔斯"号，进入长江参战，直抵南京，1844年出版了《纳米昔斯号航行作战记》，作者贝尔拉德记述了他们游览报恩寺的情况。"在南京城外，两处最值得注意的有趣目标，当然，乃是有名的琉璃塔和中国古代王朝的帝王的坟墓。由于它的完整和漂亮，以及建筑材料的质地，它高高地突出在中国所有其他同类的建筑物之上。最突出的是它用来砌面的砖，全是各种不同颜色的瓷砖，敷上了光亮的釉质，以及装饰内部的大量金质偶像。"

图5-6 飞天/对面页

在天龙八部护法中，乾闼婆是乐神，紧那罗是歌神，它们出现在佛像的左右、龛楣的上部或窟顶的天花上。拱门上的飞天双手合十，妩媚端庄，身后飘带飞扬，为少见的明代飞天的优美造型。

图5-7 金翅鸟

拱门正中的怪物就是天龙八部护法神中的迦楼罗，汉译金翅鸟或妙翅鸟。早在大同云冈北魏的石窟中出现。金翅鸟头戴缨冠，鸟嘴，双脚踏蛇则源于中国古代的神话，出现在山海经的典籍中。

大报恩寺塔历经数百年的荣耀，不幸毁于太平天国时期的杨、韦内讧，韦昌辉烧毁和破坏了寺院，炸毁了报恩寺琉璃塔，这座千古奇观毁于一旦。寺院的遗址上逐渐盖起了民房，街坊以塔命名，如宝塔根、宝塔顶。

1958年大办钢铁，城郊为砌筑小高炉急需耐火材料，在中华门外的明代聚宝山窑址进行了大规模的挖掘，在眼香庙的西边发现了一些造型别致的五彩琉璃构件，根据这些构件上有层数和左右的墨笔字样，断定为明代报恩寺塔上的拱门构件，这批琉璃构件分别收藏在中国历史博物馆、南京博物院和朝天宫市博物馆。为了出国文展的需要，笔者协助市博物馆利用发掘的构件复原了这座具有重要历史和文物价值的琉璃拱门，重现了历史的风貌。拱门的内径为1.24米×3.00米（宽×高），外径为2.18米×3.55米，厚0.32米，构件的背面均有榫眼，通过销与塔的墙体相连接。整座拱门由21块构件组成，有莲花座、白象、狮子、飞羊、龙、飞天和金翅鸟的造型，色彩绚丽，栩栩如生。这座复原的琉璃拱门代表中国琉璃的最高技艺，曾多次参加国内外的文物展出，受到海内外热烈欢迎和讴歌。

报恩寺琉璃塔堪称中华建筑之瑰宝，东方艺术之精华，它的重建是一件南京市民所期待和举世瞩目之事，南京市有关部门数次讨论，拟列入重点文化和旅游建设项目。笔者通过多年来的调查认为是完全可能做到的。塔的大小、形制、尺寸和结构已基本弄清；当年埋藏的两套备件经调查可能仍在窑址的地下；外壁的白色琉璃砖是在瓷都景德镇烧制的，在御窑的遗址已发现了各种规格的琉璃面砖；内部装饰贴面的佛像砖已发现一块，尺寸为420毫米×345毫米×78毫米，两侧有榫眼，上面标有"四层"字样，现保存在鸡鸣寺内；至于琉璃瓦、脊饰、倚柱、枋和单个的琉璃斗栱，收藏在市博物馆和南京博物院；加上大报恩寺的遗址一直受到城市规划部门的控制，未受到大的破坏。只要争取到海内外的支持和赞助，这座中世纪七大奇迹之一的"第一塔"将会重新屹立于古都南京。

六、明清皇家的
建筑琉璃制度

明清时期是我国琉璃大规模使用和生产的盛期，但建筑琉璃的使用仍限于皇家建筑、亲王府第和民间的寺庙道观。官僚、百姓的建筑严禁使用。不仅如此，对图案纹样也有限制。《明史》舆服四，百官第宅记载："明初，禁官民房屋，不许雕刻古帝后、圣贤人物及日月、龙凤、狻猊、麒麟、犀象之形……洪武二十六年之制……公侯前厅七间，两厦，九架……覆以黑板瓦，脊用花样瓦兽……一品、二品，厅堂五间，九架，屋脊用瓦兽。"清代制度，大体相同。从现存的实物来看，未发现逾越情况。

我国的建筑琉璃制度，至迟在宋代已经形成。宋《营造法式》上筒瓦和板瓦各有六种规格，琉璃瓦的上釉用药，分成"大料"、"中料"和"小料"，鸱尾、龙尾、兽头等装饰构件的规格尺寸以及工时定额都有严格的规定，形成了规范化的生产与应用。

明清的建筑琉璃是以"样"作为琉璃构件的等级、大小以及加工的依据，明初已经形成样制。《明会典》记载："洪武二十六年定：凡在京营造，合用砖瓦，每岁于聚宝山窑烧造。……其大小、厚薄、样制及人工、芦柴数目，俱有定例。……如烧造琉璃砖瓦，所用白土，例于太平府采取。"同卷又提到，琉璃窑"每一窑装二样板瓦坯二百八十个，计匠七工，用五尺围芦柴四十束，每一窑装色二百八十个，计匠六个，用五尺围芦柴三十束四分，用色三十二斤八两九钱三分二厘"。但在明会典及以后的文献中，未能发现明初琉璃样制的详细规定，给我们研究明代的琉璃样制带来了一定的困难。明万历四十三年（1615年）工科给事中何士晋编撰的《工部厂库须知》一书对琉璃的样制略有涉及。该书记载，琉璃黑窑厂所造的琉璃构件计十样。有勾子（勾头）、滴水，同瓦（筒瓦），板瓦及各式脊饰构件。其中，勾头、滴水、筒板瓦没有具体尺寸，只有每件用工数，而各类的脊饰构件较为详细，如正脊上通脊的十样高度和长度以及相连的群色、黄道构件尺寸一一列出，其他琉璃构件的名称十分详尽。

清代的琉璃瓦依照尺度分为"十样"。其中"头样"无编号，"十样"有编号而无实物。实用中以"二样"为最高，"九样"为最低。每样按兽吻尺寸而定，兽吻高度又依据柱的五分之二计算。清代嘉庆年间《钦定工部续增则例》一书中对常用的2—9样琉璃构件的规格、尺寸作了规定，这个规定的目的，当时是为了工程概算之用。所以，有的构件的尺寸是概数，与清代留存的实物对照，部分有差异。

为了弄清明代和清代琉璃制度上的异同，笔者曾调查了明初的南京聚宝山官窑址，安徽当涂的青山乡窑头村官窑址，凤阳中都官窑址，并测绘了由这些窑址所出土的琉璃构件，有正吻、通脊、垂脊、筒瓦、板瓦、勾头、滴水等常见构件，测绘的资料表明，明初的皇家

表6-1 清代琉璃样制尺寸表

琉璃作	两样			三样			四样		
	高	长	宽	高	长	宽	高	长	宽
吻	十三块 10.5	9.1	1.6	十一块 9.2	7.3	2.18	九块 8 7	6.3	1.9
剑靶	3.25		2.1	2.5 2.7		1.6	1.9 2.4	4.9 1.3	
背兽	0.65	0.65	0.65	0.6	0.6	0.6	0.55	0.55	0.55
吻座		1.55	1.25	1	1	1.45	0.9	0.5 0.6	1.2
垂兽头	2.2	2.1		1.9	1.9		1.6 1.8		
莲座		3.7			2.8			2.7	
仙人	1.55	1.35	0.65	1.35	1.25	0.6	1.25	1.15	0.55
走兽	1.35	1.35	1.35	1.2	1.2	1.2	1.05	1.05	1.05
通脊	1.95	2.4	1.6	1.75	2.4	1.4	1.55	2.4	1.2
黄道	0.65	2.4		0.55	2.4		0.55	2.4	
大群色	0.65	2.4	1.65	0.45	1.55 2.4		0.4		
垂脊	1.35 1.65	2 2.4	1.2	1.5	1.8		0.85	1.8	
撺头		1.55	0.85	0.45	1.55		0.38	1.55	0.85
塄扒头	0.85	1.55		0.35	1.05 1.5		0.25	1.4	
三连砖、大连砖		1.3	1.05	0.33	1.3		1.45	1.3	
套兽	0.95	0.95	0.95	0.75	0.75	0.75	0.75	0.75	0.75
吻下当沟		1.5			1.05			1.05	
博脊	0.85	2.2		0.85	2.2		0.65 0.75	2.2	
满面黄	厚 0.15	1	1	厚 0.15	1	1		1	1
合角吻	3 3.4	2.1 2.7		2.5 2.8	2.1		2.8	2.1	

	五样		六样			七样			八样			九样		
	长	宽	高	长	宽	高	长	宽	高	长	宽	高	长	宽
块	3.7	1.06	五块	2.9	8.5	3.4	1.85	0.65	2.2	1.66	0.5	2.2	1.66	0.5
5			4.5	2.7			2.7							
			3.8											
5		0.98	1.2	0.7		0.95			0.65			0.65		
			1.5											
5	0.5	0.5	0.45	0.45	0.45	0.4	0.4	0.4	0.25	0.25	0.25	0.25	0.25	0.25
8	0.55	1	0.7	0.65	0.65	0.85	0.6	0.9		0.6			0.6	
55	1.05	0.55		0.5	0.95									
	1.5	0.46	1.2	1.2	0.5	1	1	0.45	0.6			0.6		
	2.2			2.1	0.67		1.3			0.9			0.9	
5	1.1	0.5	0.7	1	0.45	0.6	0.95	0.4	0.4	0.9	0.35	0.4	0.85	0.2
	0.9	0.9	0.6	0.6	0.6	0.55	0.55	0.55	0.35	0.35	0.35	0.35	0.35	0.35
5	2.2	0.9	0.85	2.2	0.85	0.85	2.2	0.69	0.55	1.5		0.55	1.5	
五		样		以		下		不		用		黄		道
5			0.3			0.25								
5	1.5	0.75	0.67	1.6	0.67	0.21	1.4	0.65						
5			0.55	1.4										
5	1.4	0.85	0.28	1.4		0.25	1.4		0.25	1.4		0.25	1.4	
5	1.14	0.85	0.28	1.4		0.25	1.4		0.25	1.4		0.25	1.4	
	1.25	0.85	0.3	1.2	0.7									
5	0.65	0.65												

建筑琉璃

明清皇家的建筑琉璃制度

筑境 中国精致建筑100

琉璃作	两样			三样			四样		
	高	长	宽	高	长	宽	高	长	宽
合角剑靶	0.8 0.95		0.56	0.75 0.95			0.75		
群色条	0.4	1.3		0.4	1.3		0.35	1.3	
角兽	（	比	垂	兽	小	一	号	）	
角兽座									
勾头	厚0.1	1.35	0.65		1.25	0.6		1.15	0.55
滴水		1.35	1.1		1.3	1		1.25	0.95
筒瓦		1.25	0.65		1.15	0.6		1.1	0.55
板瓦		1.35	1.1		1.25	1		1.2	0.95
正当沟	0.6	1.2		0.5	1.05		0.6	1	
斜当沟		1.75			1.6		0.6	1.5	
压带条	0.5	1.1		0.35	1		0.2	1	0.6
平口条	0.5	1.1		0.35	1		0.2	1	
博风砖									
三连砖									
托泥当沟									
博风									
随山半砖									
墀头砖									
戗檐砖									
三色砖									
承奉连（二面）							同		
博脊连砖（一面）							0.4	1.25	
博脊瓦							0.8	1.25	

注：此表引自梁思成《清式营造则例》一书，为梁思成先生早年根据清工部《工程做法则例》和《营造算例》整理，它是我们今天在维修古建筑和琉璃制作时重要的参考资料（计量单位为营造尺）。

	五样		六样			七样			八样			九样		
	长	宽	高	长	宽	高	长	宽	高	长	宽	高	长	宽
3	1.3		0.25	1.3		0.22	1.3			1.3			1.3	
			0.3	1	0.7		1.3							
	1.1	0.5		1	0.45		0.95	0.4		0.9	0.35		0.85	0.3
	1.2	0.85		1.1	0.75		1	0.7		0.95	0.65		0.9	0.6
	1.05	0.5		0.95	0.43		0.9	0.4		0.85	0.35		0.8	0.3
	1.15	0.85		1.05	0.75		1	0.7		0.95	0.6		0.9	0.6
5	0.9		0.4	0.8		0.5	0.7		0.3	0.65		0.3	0.6	
6	1.35			1.2		0.5	1			0.9			0.3	
9	0.9	0.35	0.05	0.75		0.05	0.7		0.05	0.65			0.6	
9	0.9	0.35	0.05	0.75		0.05	0.7		0.05	0.65			0.6	
	1.2		0.65	1.2		0.6	1							
						1.3	1.6							
									0.15	1	0.55			
			0.45	1.2	0.6	0.45	1.3							
3	1.25	0.85	0.25	1.2		0.22	1.2	0.65						
	1.22		0.7	1.2		0.65	1.2							

琉璃从头样到末样都有，与清代琉璃样制相近，但有部分差异。其中聚宝山窑址出土了头样的板瓦和筒瓦，而当涂窑头村窑址和凤阳中都的窑址未发现此种规格，说明明初的头样瓦很少使用，主要用于重要的殿堂上。另外对明代北京的十三陵各陵遗留下紫红色明代琉璃瓦测量表明，明中晚期使用的琉璃瓦为3—10样，各陵（包括长陵）的享殿和明楼主要建筑的琉璃瓦为三样，联系到清代故宫太和殿的琉璃瓦也为三样，低于正脊一样，这种做法可能是明代的传统。看来，清代的样制沿袭了明代早期或中期的样制，在样制的规格、大小以及尺寸上借鉴了明代较为成熟的通行制度，但有一些修改，即保留了明代"头样"和"十样"的编号，但没有具体的尺寸和实物，各样的尺寸基本上大同小异，个别差异较大。民间寺庙上的琉璃瓦的样制，从山西寺庙的调查来看，为5—7样。

七、琉璃之乡寻根

元、明、清时期建筑琉璃烧制分官窑和民窑。官窑由皇家负责，为统一烧制而建设的窑厂，如明代琉璃厂隶属于工部领导下的营缮清吏司。琉璃匠人则是从全国征调而来，工匠以劳代役，实行轮班制和住坐制。官窑的设置根据需要而定，有的存在时间很长，有的时间很短。如明代南京聚宝山、当涂窑头、凤阳琉璃岗、北京琉璃厂、四川成都华阳县琉璃厂、山东兖州琉璃厂都是这种类型的官窑。民间的琉璃产地集中于山西，历史悠久。主要的产地在晋中和晋东南地区，如太原马庄、平遥杜村里、介休义常里、阳城后则腰。它的影响延伸到河北、河南、陕西等地。

明清官窑的规模很大，窑的数目号称"九十九座"。烧制的琉璃上一般没有工匠的姓名或题记。但在当涂窑头烧造的琉璃筒瓦头部和板瓦背面各有图章两块，一块1.54厘米×4.8厘米，上面刻有"万字X号"或"寿字X号"；另一块2厘米×7厘米，上面刻着提调官、作头、上色匠人、风火人的姓名。从它的形式来看，和明初南京、凤阳城砖上的戳记相同，是一种产品质量负责制度。窑头的上色匠人分北匠和南匠，从当地世居的老人中了解到，窑头村最早住户为祝姓，历来有"祝窑头"之称，在明代琉璃瓦的戳记上发现祝姓的上色匠人和风火匠人很多，如祝万三、祝万五、祝寿一、祝寿二等，他们都属于"南匠"，可能为明代以前就在这儿居住的琉璃匠或陶匠。明初永乐迁都，琉璃窑停烧废弃，祝姓匠人陆续搬迁，窑头村一带已无祝姓。

图7-1 明代琉璃戳记

在安徽当涂县窑头村明初琉璃窑址上发现的明代琉璃瓦，上面有戳记，此为"万字七号"，"提调官游弘毅，北匠上色，吴八一，风火马九一"印章各一。

山西的琉璃匠人以阳城乔姓和介休乔姓历史最为久远。阳城乔氏于明初到了阳城，先居于旧城东关，后迁到离城十里的后则腰，因这里的山上有陶瓷原料坩子土，乔氏便定居在这里，阳城的琉璃和陶瓷遂之兴起。乔氏匠人活动盛期在明代中晚期，直至清初的康熙年间，其间在晋东南地区完成了大量的建筑琉璃。乔氏以后日渐衰落，延至20世纪50年代，后代只有乔承先一人会捏烧琉璃。

介休义常里（今义棠）乔姓匠人从明代天顺年间开始烧造琉璃，从发现的琉璃题记的时间来看，早于阳城乔姓。义棠靠山，有原料坩子土，当地人至今仍会烧陶器，有"四十八窑（家）"之说。在晋中一带，发现不少有义常里乔姓匠人烧造的建筑琉璃，题记从明代天顺到万历年间。

图7-2 明代琉璃戳记
在窑头村琉璃窑址发现，戳记上刻有"万字九号"、"提调官游弘毅，作头（王友祥），南匠上色，田乍二，风火□□□"。

太原马庄山头村苏、白、张三姓从明末清初开始烧造琉璃，村上有明清的窑址，后裔苏杰老人曾参加山西众多古建筑琉璃维修工程。近邻郝庄琉璃厂按传统工艺烧制各种琉璃构件。晚清的河津县东窑头村吕氏经数代钻研，已形成了一整套生产琉璃的工艺，传人吕宏建至今仍在省古建筑保护研究所工作。

山东曲阜大庄琉璃厂朱氏琉璃匠，明初为修建孔庙，受朝廷之命，由山西迁来，先居于兖州琉璃厂，后因原料不便迁到曲阜城西大庄开设窑场，为孔府烧制琉璃，绵延数百年至今，现曲阜市政协委员退休老人朱玉良是朱氏陶工的第十二代孙。据朱玉良介绍，朱氏烧造的琉璃瓦有"曲阜裕盛公窑场"或"裕盛公"图章。山东的一些庙宇上的琉璃，如岱庙、孟庙、曾庙上的琉璃瓦都是大庄朱氏烧造的。

八、传统琉璃制作
技术的秘密

传统琉璃制作都是匠人世代相传或师徒相承，由于历史的局限和传统观念的束缚，有关琉璃的烧制技术，尤其是釉色配方，秘不外传，山西琉璃匠人中就有"父传子，子传孙，琉璃不传外姓人"的说法。琉璃的釉色配方属于化学范畴，烧制中的化学变化和形成机理，工匠往往只知其然，而不知其所以然。父子相传使得传统技术少改革无变化，但另一方面其技艺能够完整保留下来。我们在研究明清琉璃制作工艺时，参照了琉璃之乡——山西省主要的琉璃产地的匠人技术和经验，结合了文献和实物进行分析和比较。

建筑琉璃的制作工艺最早见于宋《营造法式》，明代有宋应星《天工开物》，清代有张涵锐《琉璃厂沿革考》等文中论及。所述琉璃加工制作方法大体相同，但釉色配方多有出入，现将山西传统琉璃工艺整理介绍如下：

琉璃的制作可分胎质和釉料两部分。胎质为陶土，北方称为"坩子土"、"牙根石"；南方称为"白土"。它的产地在全国分布很广，明代以安徽当涂的白山出产的白土质地最好，它的外观为灰白色，烧成后呈白色，其他产地的坩子土烧成后有白、淡黄、棕红或褐色。陶土自山中凿挖以后，碾成细粉，用脚和泥成浆，糅润黏合，捏成各式砖瓦和构件。大的用手捏制成型，小的、成批的构件如瓦头、滴水、筒瓦、板瓦即用烧制的陶土模或竹筒成型。成型后阴干才能入窑。

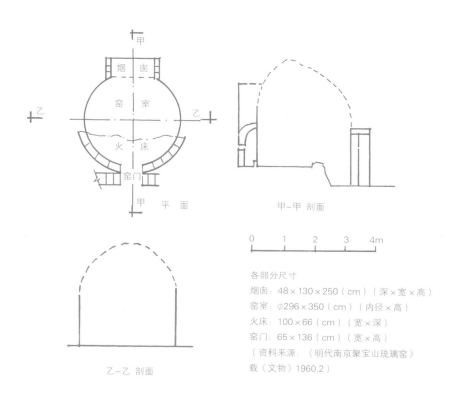

甲－甲 剖面

```
0     1     2     3     4m
```

各部分尺寸

烟囱：48×130×250（cm）（深×宽×高）

窑室：φ296×350（cm）（内径×高）

火床：100×66（cm）（宽×深）

窑门：65×136（cm）（宽×高）

（资料来源：《明代南京聚宝山琉璃窑》

载《文物》1960.2）

乙－乙 剖面

图8-1 明南京聚宝山琉璃窑构造

聚宝山在南京的南郊，明初这里是皇家琉璃的重要产地，有窑"九十九座"。1959年市文物部门对明代窑址进行了清理和调查，根据实测资料绘出了琉璃窑的构造图。

　　琉璃表面的釉层属低温色釉，主要的化学成分由助熔剂、着色剂和石英三部分组成。助熔剂为黄丹（PbO）或火硝（KNO_3），着色剂的种类比较多，主要是金属氧化物，如氧物铁（Fe_2O_3）、氧化铜（CuO）、氧化钴（CoO）和二氧化锰（MnO_2）等，石英成分是二氧化硅（SiO_2），根据需要的釉色选定着色剂的种类。常见的釉色有黄、绿、蓝、紫、白等色，白色则不加着色剂。

　　传统的釉料可分为生釉和熟釉（熔块釉）两种。生釉的助熔剂为黄丹，它的配制是用黄丹和经加工碾细的着色剂和石英按比例混合，用水或米汤调匀后，直接涂于已经过素烧的陶胎表面，送入窑中再次烧制。熔块釉的助熔剂为火硝，再加入石英、少量的黄丹和氧化铜（或二氧化锰），将这四种成分按一定的比例混合均匀，放在琉璃窑中煅烧，烧成后再进行石碾、过筛，配制的釉料烧成后的釉色为孔雀蓝和茄皮紫。

　　根据山西阳城老人介绍，晾干后的陶胎，放入窑中烧制，第一次不上釉色，为素烧。从点火、升温到停烧，这一全过程一般为2—3天，烧成温度控制在1100—1200℃之间。第二次烧制前，进行上釉，釉色上完，再次放入窑中，用柴烧，烧成的温度在800—900℃之间，从点火、升温到停烧，一般为24小时左右。

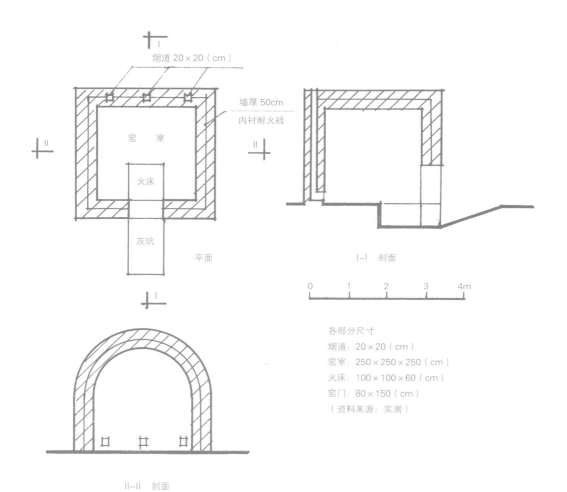

烟道 20×20（cm）

墙厚 50cm

内衬耐火砖

窑 室

火床

灰坑

平面

I—I 剖面

0   1   2   3   4m

II—II 剖面

各部分尺寸

烟道：20×20（cm）

窑室：250×250×250（cm）

火床：100×100×60（cm）

窑门：80×150（cm）

（资料来源：实测）

图8-2 山西民间琉璃窑构造

山西的传统琉璃产地很多，窑的平面形制大体
相同，顶的结构可分为穹隆和券顶。本构造图
实测于太原马庄明清琉璃窑遗址，为山西民间
常见的琉璃窑。

琉璃窑比普通砖瓦窑的尺寸和容积要小。它的平面，有圆形和方形两种，顶有拱券式和穹隆式，它的排烟口不在顶部而在后壁的下方，烟囱也在后部，这样的排烟方式为倒拔回火式，简称倒烟窑。从结构上看，琉璃窑的内壁衬耐火砖，外面包砌普通砖，砌到2米左右，发拱券或叠涩砌穹隆顶，最外层用土培实。

从使用来看，窑室的前部有火床，方形，火床的底部低于窑室60厘米，便于烧火和出灰。琉璃的胚件码在窑室内，隔排错置，便于火势流通，在靠窑门的一面码上几十厘米高的空心花砖，防止燃烧时，火头直接烧到胚件上。

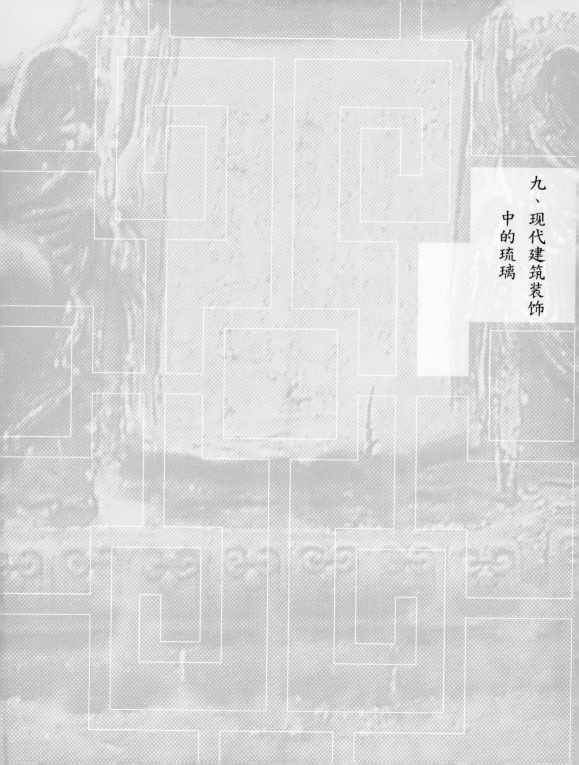

九、现代建筑装饰中的琉璃

作为一种历史悠久的传统建筑材料，琉璃在现代建筑装饰中仍得到了广泛应用，从皇家建筑走进了寻常百姓的生活，以它特有的色彩装点着城市的门面。从宾馆、博物馆、大会堂到公寓、住宅、办公楼；从风景园林到仿古建筑，现代的建筑琉璃正展现着它的风采。

自20世纪80年代以来，建筑琉璃工业随着城市建设和发展的需求有了较大的发展，彻底改变了昔日的手工制作、一家一户烧窑的落后局面，在我国形成了较大的琉璃生产基地和厂家。目前我国建筑琉璃产地以北京、江苏宜兴、广东佛山石湾的生产规模最大，其他如山东曲阜、湖南铜官、山西河津、阳城等地也具有相当的生产规模，福建、陕西、河南、江西等地都有琉璃瓦生产。我国生产的琉璃瓦不仅满足了本国的需求，出口南亚国家的销量也不小，欧洲、美国、加拿大的园林建筑中也使用了我国的琉璃瓦。

图9-1 广东建筑琉璃/对面页
此图引自广东佛山石湾美术陶瓷厂的产品介绍。表现了南方琉璃在古典建筑上的应用。这些琉璃构件的形式和名称与北方明清官式有一定的差异。

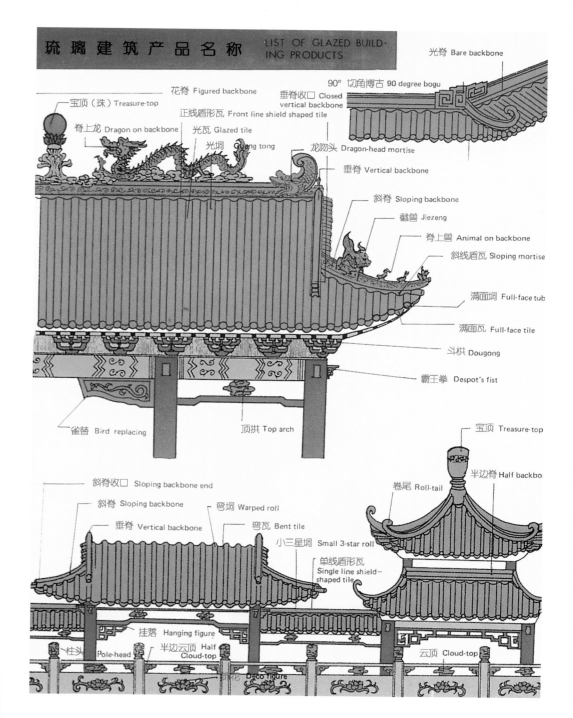

琉璃建筑产品名称 LIST OF GLAZED BUILDING PRODUCTS

光脊 Bare backbone

花脊 Figured backbone

90° 切角博古 90 degree bogu

垂脊收口 Closed vertical backbone

宝顶（珠）Treasure-top

正线盾形瓦 Front line shield shaped tile

脊上龙 Dragon on backbone

光瓦 Glazed tile

光垌 Guang tong

龙吻头 Dragon-head mortise

垂脊 Vertical backbone

斜脊 Sloping backbone

截兽 Jiezeng

脊上兽 Animal on backbone

斜线盾瓦 Sloping mortise

满面垌 Full-face tub

满面瓦 Full-face tile

斗拱 Dougong

霸王拳 Despot's fist

雀替 Bird replacing

顶拱 Top arch

宝顶 Treasure-top

半边脊 Half backbone

卷尾 Roll-tail

斜脊收口 Sloping backbone end

斜脊 Sloping backbone

弯垌 Warped roll

弯瓦 Bent tile

垂脊 Vertical backbone

小三星垌 Small 3-star roll

单线盾形瓦 Single line shield—shaped tile

挂落 Hanging figure

柱头 Pole-head

半边云顶 Half Cloud-top

云顶 Cloud-top

087

图9-2 琉璃花窗
此图引自江苏宜兴建筑陶瓷厂产品介绍。该厂继承传统，并不断地开发新品种，如花窗栏杆，龙亭壁画以及陶台、花盆、路灯柱等。此图为龙凤花窗，造型与色彩别具匠心。

在传统造型的基础上，现代建筑琉璃的花饰品种更为丰富。如石湾琉璃代表了南方的风格，品种有三四百种，除了屋面的琉璃瓦和脊饰外，有以传统故事为题材的人物花脊；有装饰墙面的花窗、浮雕、壁画以及各式动物和花鸟，佛山祖庙、广州陈家祠堂和中山纪念堂琉璃均出于石湾，其釉面抗冻性和耐急冷急热性能也优于其他产地。石湾琉璃生产首推石湾美术陶瓷厂和建筑陶瓷厂，皆有一批工艺美术师专事产品及园林布局设计。

位于陶都宜兴市丁蜀镇中心的江苏宜兴建筑陶瓷厂也是我国最大的建筑琉璃的生产厂家之一。它的产品别具特色，形成了系列性配套产品，品种近千，釉色数十种，广泛用于仿古建筑、园林小品、栏杆灯柱、甚至花盆陶台。引进生产线生产S形连接瓦（西班牙瓦）和平板瓦应用于北京图书馆、钓鱼台国宾馆、西安火车站等现代化建筑中。

图9-3 现代建筑琉璃

宜兴建筑陶瓷厂引进生产S瓦和平板瓦,应用于现代建筑的屋面装饰,有很强的艺术效果与实用价值,在北京钓鱼台国宾馆建筑上使用,融古典形式与现代技术为一体。

　　北京市琉璃瓦厂家继承了明清皇家的琉璃烧造技术,生产的传统产品驰名中外,釉色鲜而不过、艳而不俗,色彩均匀、釉面不流,在发掘我国琉璃生产的传统工艺和造型上作出了很大贡献,为北方古建筑的维修和新建筑的装饰生产了品种繁多的琉璃构件。其他的我国传统琉璃产地的厂家,如山东曲阜大庄琉璃厂、湖南铜官琉璃厂、山西河津琉璃厂在生产的工艺和产品的质量上都有了很大的改进。

　　江西省陶瓷研究所采用制瓷废泥制作琉璃瓦经济效益显著,同时为原料的综合利用开辟了一条良好的途径。该产品采用一次烧成,釉面光亮,成色稳定,达到了较高的技术指标。我国的建筑琉璃已有一千多年的历史,只要保持传统特色,在开发产品市场上下工夫,为现代建筑艺术服务,它的未来发展前景还是美好的和广阔的。

图9-4 山西灵石苏溪资寿寺后殿琉璃立牌/上图
在资寿寺后殿正中的立牌上留下了明成化十二年（1476年）当地义常里琉璃匠人修造琉璃正脊的题记。立牌正中可见"天地日月国王父母师"，琉璃匠人乔耐和他的儿子乔智完成这一工程。

图9-5 资寿寺后殿垂脊题记/下图
明嘉靖三年（1524年）寺庙修造屋面琉璃，垂脊上留有题记，仍由义常里琉璃匠人乔志曼和乔志口承担了琉璃的烧造。

图9-6 山西介休义棠师屯北广济寺北殿琉璃立牌
广济寺坐落在义棠（明义棠里），当地乔氏以制作琉璃和陶器闻名。北殿的黑琉璃是乔氏工匠在明嘉靖十六年（1537年）烧造，并在立牌上留下了工匠的姓名。

图9-7 山西介休张壁村空王寺天王殿琉璃立牌
天王殿琉璃由义常里乔氏匠人于明万历四十一年（1613年）烧造。在正脊中间的立牌上有"皇帝万岁万万岁"，并留下赞助人及工匠们的姓名。立牌制作精细，用孔雀蓝着色镶边。

现代建筑装饰中的琉璃

⊙筑境 中国精致建筑100

图9-8 山西阳城城东关帝庙大殿琉璃立牌/左图

关帝庙大殿琉璃由当地乔氏匠人烧造,于康熙四十七年（1708年）完成,工匠计21人,这是自明万历以后山西琉璃行业衰落后的再次振兴。

图9-9 山西高平仙翁庙大殿琉璃题记/右图

仙翁庙大殿是元代建筑,正脊为原物。中间吞脊吻和上面的吉庆楼于明嘉靖十七年（1538年）修补,由高平董峰村琉璃工匠烧造,在吞脊吻的张口处留下题记。

大事年表

朝代	年号	公元纪年	大事记
西周		前11世纪	琉璃工艺品烧制技术已掌握。一九七六年在陕西省宝鸡市茹家庄西周早期墓葬出土琉璃珠和琉璃管
东周		前5世纪	更精美的琉璃工艺品出现,标志着琉璃制作工艺的提高。一九六六年在湖南韶山灌区湘乡发掘的东周中期古墓中,出土了精美的琉璃壁,琉璃珠、剑首、剑珥、珠饰等
秦汉		前221年—220年	琉璃工艺品如剑匣、扇、琉璃筐、琉璃屏风等器物广泛用于皇宫和墓葬
北魏	道武帝天兴元年	398年	北魏迁都平城(今山西省大同市),宫殿上使用琉璃,遗址发现琉璃瓦碎片
	太武帝	424—451年	以五色琉璃为宫中行殿,是建筑上最早使用琉璃的记载
隋		581—618年	何稠恢复琉璃技术,使湮灭了百年的中国琉璃技术重新恢复和发展
唐		618—907年	长安大明宫主要殿堂用琉璃瓦,渤海上京龙泉府(今黑龙江宁安市的东京城镇)的宫殿上使用琉璃瓦、鸱尾,唐三彩工艺已达到相当的水平
北宋	皇祐元年	1049年	建造东京(今开封)祐国寺琉璃塔(俗称铁塔)
	崇宁二年	1103年	《营造法式》颁行,这是系统地总结唐宋建筑技艺、工限、料例,包括琉璃瓦生产技艺的最早文献
元前		1252—1262年	山西永乐宫开始重建,屋面的琉璃脊饰为元代琉璃杰作

朝代	年号	公元纪年	大事记
元初	中统四年	1263年	元大都建四窑场（琉璃窑），在城南海王村为大都宫殿烧琉璃
明	洪武年间	1368—1398年	在南京聚宝山。安徽当涂窑头，凤阳琉璃岗建琉璃厂，南京明故宫，凤阳中都烧造琉璃瓦
	洪武二十五年	1392年	大同代王府九龙壁建成，这是全国最大，制作最为精美的明代琉璃照壁
	洪武二十六年	1393年	工部制定琉璃瓦样制及人工工时、定额材料，皇家所用琉璃瓦原料（白土）仍在太平府（当涂）采取
	永乐四年	1406年	开始营建北京宫殿，在元代海王村琉璃窑址上重建琉璃厂
	永乐十年至宣德五年	1412—1430年	南京大报恩寺琉璃塔建成，御赐"第一塔"，这是中国琉璃发展史上的一个重大成就，誉为中古世纪世界七大奇迹之一
	正德十一年至嘉靖六年	1516—1527年	山西洪洞广胜寺飞虹塔建成，这是明代现存最大、最完整的一座琉璃塔，代表了琉璃之乡——山西琉璃制作最高水平
清	康熙三十三年	1694年	琉璃厂奉旨交窑户自办，集中于西山门头沟琉璃渠村
	雍正十二年	1734年	工部《工程做法则例》颁布，琉璃瓦分十样，但实际应用为2—9样
	乾隆三十六年	1771年	乾隆皇帝在宁寿宫皇极门外建九龙壁，它和同时代的北海九龙壁为清代琉璃工艺发展的最高水平代表

图书在版编目（CIP）数据

建筑琉璃／汪永平撰文／摄影. —北京：中国建筑工业出版社，2013.10
（中国精致建筑100）
ISBN 978-7-112-15959-8

Ⅰ.①建… Ⅱ.①汪… Ⅲ.①古建筑–琉璃–建筑装饰–中国 Ⅳ.① TU–092.2

中国版本图书馆CIP 数据核字（2013）第237348号

◎中国建筑工业出版社

责任编辑：董苏华 张惠珍 孙立波
技术编辑：李建云 赵子宽
图片编辑：张振光
美术编辑：赵 清 康 羽
书籍设计：瀚清堂·赵 清 周伟伟 康 羽
责任校对：张慧丽 陈晶晶 关 健
图文统筹：廖晓明 孙 梅 骆毓华
责任印制：郭希增 臧红心
材料统筹：方承艺

中国精致建筑100

建筑琉璃

汪永平 撰文/摄影

中国建筑工业出版社出版、发行（北京西郊百万庄）
各地新华书店、建筑书店经销
南京瀚清堂设计有限公司制版
北京顺诚彩色印刷有限公司印刷

开本：889×710 毫米 1/32 印张：3 插页：1 字数：125 千字
2016年6月第一版 2016年6月第一次印刷
定价：**48.00**元
ISBN 978-7-112-15959-8
　　　（24333）